古詩詞裡的自然常識 昆蟲篇

陳婷、施奇靜————著

春田、譚希光————繪

螞蟻搬家就會下雨嗎？ 3

各界推薦

建立詩詞的生活連結，激起閱讀動力，原來，「讀詩」也可以是跨領域的統整學習。

小茱姊姊（施賢琴）｜教育廣播電台主持人

這本書從認識歷史和自然常識出發，帶孩子體會詩詞背後的故事，也呼應 108 課綱，讓文學與歷史、自然科學跨領域聯繫。

高詩佳｜暢銷作家、「高詩佳故事學堂」Podcast 主持人

從生活中可以發現許多科學現象，但如果是從古詩裡呢？就讓這套書帶著我們一起看看古詩跟科學可以擦出什麼火花吧！

楊棨棠老師（蟲蟲老師）｜寶仁小學自然科專任教師

我很喜歡古典詩詞，常對古人絕妙好辭嘆為觀止，但這些嘆為觀止在開始攀爬台灣高山之後改觀：原來真正美的非遷客騷人的詞藻，而是大塊文章鬼斧神工。

而本書讓人驚豔之處也在於將古典詩詞之美具象，將詩人加工過的風花雪月回復成「原形食物」，並以很反差卻毫不違和的科普型態呈現詩文提及的自然百態，兼具感性與理性。

楊傳峰｜《為孩子張開夢想的翅膀》作者

語文與自然的跨界對談，除了欣賞古詩詞優美的意境，還能認識詩人們眼中的花、鳥、蟲、魚，天人對應，萬物相宜。

盧俊良｜「阿魯米玩科學」粉專版主、岳明國中小老師

序 言

想讀懂詩詞，得先懂得生活

中文詩詞美嗎？當然！

既然古詩詞是文化瑰寶，大家也覺得詩詞是美好的語言，為什麼寫過國文考卷的你，也只是把這些讚美掛在嘴邊呢？

因為我們太久沒有讀詩詞了。

不過，這種距離感並不是因為我們離開學校太久。仔細回想一下，就會發現詩詞離我們並不遙遠。一口氣背誦上百首唐詩、一口氣報出「李杜」的名號，這樣的場景何其熟悉。然而即便我們讀出這些詩詞和知識，它們也只是冷冰冰的文字組合，並沒有成為生活的一部分；只是複雜的文字符號，讀完後很快就消散在空氣中。

難道閱讀詩詞只是為了訓練記憶力嗎？當然不是！

詩詞裡有的是壯麗河川、花鳥情趣、珍饈美味、恩怨情仇……這一切不正是組成有趣故事的成分嗎？

想像一下，如果古人也有 Facebook、Instagram 等社交平台，那麼詩詞就是他們發文的內容。詩詞背後有著生動的故事、難忘的回憶，還有燦爛的文化傳承。當然，要想真正明白這些文字，確實需要一些背景知識，因為詩詞可是古人創作智慧的結晶，透過極致、簡練的語言表達更多內容、更悠遠的意境。

你可能會說：「講這麼多，還是不能解決問題！」別著急，這正是本書的價值和意義所在。

　　讀完這套書，孩子會明白：《詩經》中「投我以木瓜，報之以瓊琚」的本義，其實是「滴水之恩，湧泉相報」；孩子會明白「春蠶到死絲方盡」其實是生命輪迴的必經階段，蠶與桑葉早在幾千年前就註定有著割捨不斷的聯繫；孩子會明白古人如此重視「葫蘆」這種植物，絕不僅僅因為名字的諧音是「福祿」……

　　這正是本書希望告訴孩子的故事，也是想讓孩子了解的歷史和自然常識！

　　有了趣味生動的故事、色彩鮮明的插畫、幽默活潑的文字，才能有效傳遞這些知識。看書不僅僅是讀詞句，更重要的是體會背後的故事、作者的生活，真正理解這些過去大獲好評的內容。

　　從今天開始，不要讓詩詞成為躺在課本上的文字符號，一起找回古詩詞原有的魅力和活力，並成為知識、話語、生活的一部分吧！

　　　　　　　　　　　　　　　　史軍（中國科學院植物學博士）

v

蜉蝣

目　錄

螢

蠶

蝴蝶

螳螂

蜻蜓

天牛

蝗蟲

螢火蟲

螢火蟲一生都能發光嗎？

秋　夕

唐・杜牧

銀燭秋光冷畫屏，

輕羅小扇撲流螢。

天階夜色涼如水，

臥看牽牛織女星。

2

這首詩寫的是名孤單的宮女，夜晚獨自坐在冷清的宮殿。她看著銀燭的燭光映著冷清的畫屏，手執綾羅小扇撲著螢火蟲；夜色裡的石階清涼如水，她靜臥著凝視天河兩旁的牽牛星和織女星。

螢火蟲的頭上長
著複眼。

古人認為螢火蟲是草腐爛變化而成的。這種說法源自於《禮記》中的「腐草為螢」，《呂氏春秋》裡也說：「腐草化為蚈。」這裡的「蚈」，就是指螢火蟲。這種說法兩千多年來一直沒有變過。由於古人對事物的認識有限，人們又在最熱的夏天看到成群的螢火蟲從草叢飛出，會這樣想也不奇怪。

胸

螢火蟲的腹部
長著發光器。

會發光的甲蟲

螢火蟲就是會發光的甲蟲。狹義的螢火蟲，單指鞘翅目螢科，靠腹部的發光器來發出點點螢光。中國常見的螢火蟲有發綠光的黑翅螢、發黃光的穹宇螢等。

螢火蟲發出的光很微弱，對環境也非常敏感，只生活在水源乾淨、植被茂盛的地方。詩中的宮殿本來是熱鬧的人類居所，卻能見到螢火蟲飛舞，可見這座宮殿非常冷清。

螢火蟲的幼蟲怎麼捕食蝸牛？

觀察過蝸牛的人可能都知道，蝸牛爬過的地方會留下黏液的痕跡，這也留給螢火蟲的幼蟲一條追蹤的途徑。螢火蟲的幼蟲找到蝸牛後，先爬上牠的殼，用六條腿緊緊抓住牠，再攻擊蝸牛的觸角並注入「麻醉劑」。等蝸牛不動了，螢火蟲的幼蟲就分泌消化液到蝸牛身上，把蝸牛肉消化成肉湯後，大口吸入。

雄螢的腹面

雄螢的背面

螢火蟲一生都能發光嗎？

螢火蟲是完全變態的昆蟲，在發育中經過卵、幼蟲、蛹和成蟲四個階段。除了一些適應於白天強光下活動的種類，其他種類不管是卵、幼蟲、蛹或成蟲都可以發光。不過，螢火蟲在不同時期發光，其實是有不同作用的。幼蟲發光能夠警告天敵「我有毒，別吃我」；成蟲發光能吸引異性，完成繁殖的重任。

每種螢火蟲都有自己獨特的閃光頻率或飛行模式，也能相互辨認。在空中飛舞的螢火蟲大多是雄螢。雌螢不擅飛行，很多甚至還保留著幼蟲的形態，趴在草叢中閃光，等待同種的雄螢讀懂信號朝自己飛過來。

螢火蟲的生長過程

卵

螢火蟲的幼蟲吃蝸牛、蛞ㄎㄨㄛ 蝓ㄩˊ 等動物。

許多螢火蟲的蛹都會發出淡淡的光。

螢火蟲吃什麼？

螢火蟲的成蟲壽命很短，只有一周左右。基本上，牠們不吃東西，或者只吃點花粉、花蜜。但有一類螢火蟲很特別——妖掃螢屬的螢火蟲——雌螢會模仿其他螢火蟲的閃光模式來吸引雄螢，等雄螢興沖沖飛過來後快速吃掉牠，然後就能獲得「螢蟾素」的毒素。雌螢產下的卵也含有螢蟾素，可以保護自己和後代不被天敵吃掉。

螢火蟲的幼蟲是很厲害的捕食者，也是肉食動物。水棲的螢火蟲幼蟲會捕食貝類，陸棲的螢火蟲幼蟲則捕食蝸牛和蛞蝓等動物。

螢火蟲的成蟲靠發光求偶。

大部分螢火蟲為陸生昆蟲。

蜻 蜓

<ruby>蜻<rt>ㄑㄧㄥ</rt></ruby> <ruby>蜓<rt>ㄊㄧㄥˊ</rt></ruby>

隨意飛、空中懸停、倒著飛……蜻蜓為什麼是「飛行王者」？

小 池

宋・楊萬里

泉眼無聲惜細流，

樹陰照水愛晴柔。

小荷才露尖尖角，

早有蜻蜓立上頭。

8

這是一首描寫初夏池塘景色的清新小詩。詩中描繪的景色宛如一幅畫呈現在眼前。泉眼靜悄悄的，沒有一絲聲音，是因為捨不得細細的水流，映在水面上的樹蔭喜歡這晴天裡柔和的風光。荷花苞小小的，剛從水面露出尖尖的角，沒想到便有一隻小蜻蜓立在了它的上頭。

蜻蜓的成蟲

蜻蜓的幼蟲——水蠆（ㄔㄞˋ），生活在水中，以水中的昆蟲、小魚等為食。

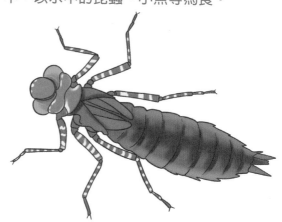

蜻蜓很早就引起古人的注意。商代的青銅卣（ㄧㄡˇ）銘文上，就有關於蜻蜓的圖像。在《淮南子·齊俗訓》中提到：「水蠆為（ㄨㄟˊ）蟌（ㄘㄨㄥ）。」意思是水蠆長大了會變成蜻蜓。這也表示，人們早就知道蜻蜓是由生活在水裡的幼蟲「水蠆」變來的。那「蠆」又是什麼意思呢？《說文解字》裡說：「蠆，毒蟲也。」蜻蜓幼蟲的尾巴末端有二至三根尾鰓，有的尾鰓長，有的尾鰓短，看上去像蠍子。再加上蜻蜓的幼蟲性情兇猛，喜歡捕食水中的昆蟲，也與蠍子的習性相似。所以，也就不難理解蜻蜓為什麼被稱作「水蠆」了。

「飛行王者」

身為最古老的昆蟲之一，蜻蜓已經在地球上存活了幾億年。牠們的飛行能力也進化到最高等級的水準，堪稱「飛行王者」。不僅可以朝任何方向飛行，還能在空中懸停、倒著飛，更可以一百八十度急轉彎。蜻蜓的耐力和速度也非常優秀，平均飛行時速可高達五十公里。其中的佼佼者——薄翅蜻蜓，甚至可以飛越印度洋，每年飛行距離可長達一萬七千七百公里。

什麼是「蜻蜓點水」？

蜻蜓的成蟲擅長飛行，經常出現在水邊。有一部分的蜻蜓甚至會在水面上產卵，所以才有了常見的「蜻蜓點水」現象。蜻蜓幼蟲幾乎都生活在水中，所以不太容易被發現。《小池》中，「早有蜻蜓立上頭」指的是蜻蜓的成蟲，是幼蟲在數月到數年間經歷了十次左右的蛻皮，最終長出翅膀而羽化的。詩人單單用一個「早」字，就告訴我們蜻蜓彷彿迫不及待要長大，進而勾畫出初夏的勃勃生機。

和螢火蟲不同，蜻蜓是不完全變態的昆蟲，從幼蟲蛻變為成蟲的過程中不會經歷蛹期。蜻蜓幼蟲剛孵化出來的時候沒有足，在第一次蛻皮之後才長出足和觸角。

蜻蜓是不完全變態的昆蟲，沒有蛹的階段，會直接從幼蟲蛻變為成蟲。

蜻蜓平穩飛行的「祕訣」

祕密就在那四片寬大輕薄的翅膀。仔細觀察，可以看到蜻蜓翅膀上有很多像葉脈一樣的結構，稱作「翅脈」，把翅膀分爲許多個四邊形、五邊形和六邊形，讓蜻蜓的翅膀更加堅韌。此外，每片翅膀前緣靠外的地方，都有一小塊深色的結構，稱作「翅痣」。這個區塊不僅顏色深，還很結實，能夠消除飛行過程中的「顫振」（當飛行速度達到一定值，空氣動力和結構彈性振動的相互影響，會使飛行器產生一種造成災難性後果的自激性振動），使蜻蜓的飛行更加平穩。

另外，蜻蜓的四片翅膀均由單獨的肌肉控制，飛行時互不干擾，才能隨意調整飛行方向。

蜻蜓仿生學

人們從蜻蜓身上學到了很多知識，進而研發出許多仿生設備。像是可以在空中懸停的直升機，就是得到蜻蜓等昆蟲的啟發。還有借鑑蜻蜓翅痣而發明的「顫振抑制裝置」，是在飛機機翼末端的前緣，像補丁一樣各加一塊長方形金屬板，可以保證飛機在高速飛行時，不會出現機翼顫振甚至斷裂的事故。

螞ㄇㄚˇ 蟻ㄧˇ

多少隻螞蟻可以搬動大樹？螞蟻搬家就會下雨嗎？

調張籍（節選）

唐‧韓愈

蚍ㄆㄧˊ蜉ㄈㄨˊ撼大樹，

可笑不自量！

伊我生其後，

舉頸遙相望。

這是韓愈非常有名的一首詩，詩人大力誇讚李白和杜甫兩位大詩人的成就。韓愈認為，那些無法欣賞甚至貶低李杜詩篇的人，就像螞蟻企圖搖撼大樹，也不估量一下自己。雖然詩人生活在李杜之後，但他常常追思並且仰慕著他們。蚍蜉是大螞蟻，螞蟻想要搬動大樹是很可笑的。現在，「蚍蜉撼樹」這個成語常用來比喻不自量力。

在古代，螞蟻可以做成非常珍貴的食物。《禮記·內則》中，就有「蚳醢」的說法，蚳是螞蟻的卵，醢是肉醬，可見蚳醢就是用螞蟻卵做的醬，當時可是專門獻給天子食用的珍貴食物呢！要注意的是，並不是每一種螞蟻都能吃，很多種螞蟻都是有毒的。

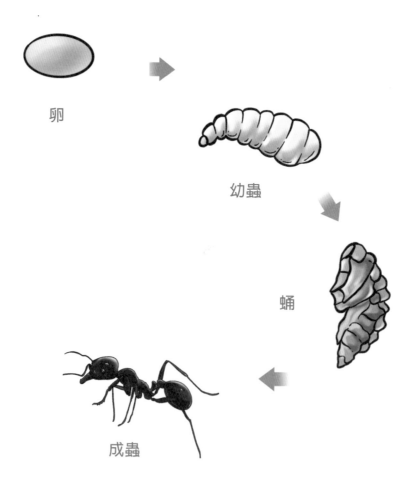

卵

幼蟲

蛹

成蟲

多少隻螞蟻可以搬動大樹？

螞蟻是膜翅目蟻科昆蟲的通稱，一般沒有翅膀，在地面生活。最大的螞蟻體長也不超過 0.4 公分。那麼「蚍蜉撼大樹」真的是不自量力嗎？但是也常常看到螞蟻能搬動比自己大很多倍、重很多倍的東西。最近的一項科學研究顯示，人們還是太小看螞蟻了，牠們能舉起相當於自身體重五千倍的東西！如果以一隻螞蟻 0.01 公克、一棵大樹 100 公斤來計算，理論上兩千隻螞蟻就可以搬動一棵大樹了！一窩螞蟻少則數百，多則上萬，所以大螞蟻群不需全員出動，還真的可以搬動大樹。

螞蟻搬家就會下雨嗎？

螞蟻是「天才建築師」。蟻穴有著良好的通風系統，即便在炎炎夏日，也可以靠著自然風換氣。蟻穴上方通常都有一小堆土，能避免下雨時積水流入蟻穴。但是如果遇到大雨，螞蟻們也只能棄巢逃跑。不過，螞蟻搬家並不一定是因為下雨，房子不夠住，牠們也得搬家。

怎麼算出螞蟻能搬多重？

為了找出答案，一群工程師做了個實驗：他們用電子顯微鏡觀察螞蟻，用微電腦斷層掃描儀替螞蟻拍 X 光片，再把螞蟻麻醉後，以頭朝下的姿勢黏到特製的離心機裡，測量螞蟻身體承受極限時的離心力大小。實驗分析，當離心力達到相當於螞蟻體重的三百五十倍的時候，螞蟻的脖子關節和身體變形；當離心力達到螞蟻體重的三千四百至五千倍的時候，螞蟻會因為頭部和身體分離而死亡。

工蟻負責尋找食物、照顧幼蟲等工作，內部還會根據年齡再進行分工。

蟻后體型大，負責和雄蟻交配產下後代。

螞蟻為什麼是大力士？

透過微電腦斷層掃描儀，才知道螞蟻脖子的軟組織結構如何與頭部、胸部堅硬的外骨骼相連接。電子顯微鏡中能看到螞蟻的頭部和胸部之間，全都覆蓋著不同的微小結構，有點像腫塊或毛髮。其作用也許是用來調節軟組織與外骨骼的連接方式，減小壓力或產生摩擦力，又或者是支撐其他正在動的部分。不過，真正讓螞蟻如此強大的，還是牠們有組織、有紀律的社會性行為。

兵蟻負責看守蟻巢。

螞蟻群體中有明確的角色分工

蜜ㄇㄧˋ 蜂ㄈㄥ

所有蜜蜂都是吃花蜜的嗎？蒼蠅還會偽裝成蜜蜂？

偶　步

清‧袁枚

偶步西廊下，

幽蘭一朵開。

是誰先報信，

便有蜜蜂來。

這是一首非常清麗的小詩。詩人袁枚偶然走到西廊下，看到角落的一朵蘭花正靜靜地綻放。這時，蜜蜂湊上前來，詩人便讚嘆是誰把花開的消息與蜜蜂說了，不然這小傢伙怎麼早早就趕來呢？

蜜蜂是傳粉的高手。

三對足都長在胸部。

蜜蜂可以泛指蜜蜂總科的很多種昆蟲。牠們有著一大一小兩對膜質的翅膀，六條腿看起來比較粗短，最後一對足上覆蓋著濃密的毛，叫做「攜粉足」。當蜜蜂在花朵裡用針一樣的「尖嘴」探蜜，身上也會沾黏很多花粉。這時牠們會把花粉抖落下來，放到攜粉足的「花粉筐」裡運回蜂巢。

在古代，最常見的是中華蜜蜂。早在東漢時期就有人馴養了。如今，人工飼養的蜜蜂主要是義大利蜜蜂。由於外來蜂種的引入，中華蜜蜂的生存狀況受到了嚴重影響，活動空間逐漸縮小，需要大家特別關心。

蜜蜂家族

多數蜜蜂以蜂巢為單位聚集，蜂王（雌蜂）和雄蜂負責繁殖，工蜂負責採蜜、防禦等事務，能以特殊的飛行動作傳遞訊息。蜜蜂也是完全變態發育的昆蟲，由工蜂成蟲負責照顧幼蟲。雖然蜂群有上萬隻工蜂，平常卻各自分散到不同的地方去採蜜。「遊蜂」就是單獨遊走的工蜂。

所有蜜蜂都吃花蜜嗎？

科學家發現會吃腐肉的蜜蜂──禿鷲蜜蜂。這個名字說明牠們和禿鷲一樣，喜歡吃腐肉。禿鷲蜜蜂屬於無刺蜂屬（其中有三種蜜蜂都吃腐肉），也和其他蜜蜂一樣住在蜂巢裡，後腿上也有「花粉筐」，只不過是用來裝肉的。禿鷲蜜蜂把這些肉帶回巢裡餵給幼蟲，還會產生類似蜂蜜的物質。

偽裝成蜜蜂的蠅

身上有黑黃相間的條紋、喜歡在花叢中採蜜的不只有蜜蜂，還有「蠅」。不過這不是常見的「蒼蠅」，而是「食蚜蠅」。牠們確實長得很像蜜蜂，卻是透過模擬蜜蜂的形態來保護自己。因為蜜蜂在昆蟲中是狠角色，屁股上有刺，還有毒素。食蚜蠅把自己偽裝成蜜蜂，就沒有天敵敢來惹自己了。正如牠的名字一樣，食蚜蠅的幼蟲多以蚜蟲為食（也有不吃蚜蟲的種類），成蟲則和蜜蜂一樣，以花粉、花蜜為食。

蜜蜂的生長過程

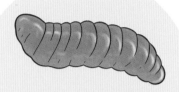

三天後，幼蟲從卵中孵
化，吃王漿、花粉、蜂
蜜，不斷變胖、變大。

蜂王（雌蜂）將
卵產在巢室內。

幼蟲化蛹才會變為成蟲。

一顆卵變為成蟲
需要二十一天。

怎麼分辨蜜蜂和食蚜蠅？

雖然長得很像，蜜蜂和食蚜蠅還是不一樣的。怎麼分辨呢？一是看觸角，蜜蜂的觸角長，食蚜蠅的觸角短短的；二是看翅膀，蜜蜂有兩對翅膀，食蚜蠅只有一對；三是看後足，蜜蜂的後足粗壯，食蚜蠅的後足纖細；四是看眼睛，蜜蜂的眼睛小，食蚜蠅的眼睛大。

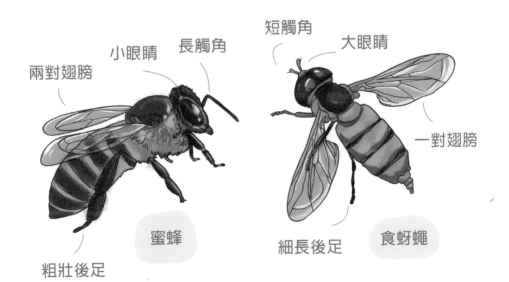

兩對翅膀　小眼睛　長觸角　短觸角　大眼睛

蜜蜂

一對翅膀

細長後足　食蚜蠅

粗壯後足

現在，你分得清楚嗎？

蝴_{ㄏㄨˊ} 蝶_{ㄉㄧㄝˊ}

詩詞裡的蝴蝶是平常看見的蝴蝶嗎？
我們身邊有哪些獨特的蝴蝶？

曲江二首其二

唐・杜甫

朝回日日典春衣，每日江頭盡醉歸。

酒債尋常行處有，人生七十古來稀。

穿花蛺蝶深深見，點水蜻蜓款款飛。

傳語風光共流轉，暫時相賞莫相違。

這首詩將春日的蝴蝶和蜻蜓寫得栩栩如生。詩人典當了春衣,換錢買酒喝,喝醉了才肯回家。即便是窮到要靠典當度日,春天來了,也不能典當春衣吧?可見,其他東西早拿去當了。酒喝太多,難道不傷身體嗎?恐怕詩人鬱鬱不得志,也顧不了那麼多。畢竟對古人來說,活到七十歲的人也很少。看那蝴蝶在花中穿梭飛舞,蜻蜓點水產卵,美得讓人陶醉。好好欣賞吧!哪怕春光只是短暫停留,可別連這點心願也無法達成啊!

菜粉蝶

歷史上關於蝴蝶的典故，最有名的就屬「莊周夢蝶」了。《莊子·齊物論》中寫道：「昔者莊周夢爲胡蝶，栩栩然胡蝶也……不知周之夢爲胡蝶與？胡蝶之夢爲周與？」莊子夢見自己變成了一隻蝴蝶，翩然起舞，四處遨遊。不過他不知道是自己變成蝴蝶，還是蝴蝶變成了自己。物我兩忘，令人神往。看來，蝴蝶在中國人的記憶中，還有著自由和美好的寓意。

黃蝶

雖然蝴蝶很好認，也很難確定杜甫詩中描述的就是我們常見的蝴蝶。從同時代，甚至到清朝的繪畫作品來看，以蝴蝶為名的畫作裡也可能出現其他蝴蝶。

蛺蝶特別的腿

提到「蛺蝶」，特別是指鳳蝶總科中的蛺蝶科。蛺蝶多半都有個非常特別的地方，就是牠們的足。你可能知道，多數昆蟲都有六條腿，大部分蛺蝶前足是縮起來的，很小，很難觀察到。無論在飛行還是停歇的時候，都只能看到牠們的中、後兩對足。

蝴蝶看上去只有四條腿。

蛺蝶科有哪些獨特的種類？

大紫蛺蝶

大紫蛺蝶的體型在蝴蝶中偏大，翅膀展開約十公分。雄蝶的翅膀正面有大塊帶金屬光澤的藍紫色斑塊，約占整個翅面的二分之一。邊緣和背面則是灰黑色，上面點綴著白點圓斑。在後翅靠近屁股的地方，還有一個橙紅色小斑塊，十分美麗。但雌蝶的翅膀沒有亮麗的藍紫色斑塊，與雄蝶相比黯淡不少。

雄性大紫蛺蝶

枯葉蛺蝶的背面

枯葉蛺蝶

顧名思義，就是一種長得像枯葉的蛺蝶。當牠合起雙翅，一動也不動的時候，真的就像一片枯葉。從顏色到葉脈，甚至連枯葉破損、發黴、發爛的地方都模擬到位了，堪稱維妙維肖。別以為枯葉蛺蝶如此不起眼。當牠展開翅膀時簡直「判若兩蝶」。牠的翅膀正面有著美麗的顏色和斑紋，前翅從前緣中部到後角有一道鮮豔的橙色寬條紋，翅面還會隨季節不同閃著深藍色、藍紫色或淡藍色的光。

枯葉蛺蝶
的腹面

貓蛺蝶和豹蛺蝶

蛺蝶和貓、豹有什麼關係？其實是這兩個屬的蛺蝶，翅膀上都有橙黃的底色和黑色斑點。雖然牠們非常像，細看還是有區別的，大概只有專業的分類學家才能準確分辨出來。不過，某些種類的豹蛺蝶翅膀上還有其他顏色。比如，青豹蛺蝶和綠豹蛺蝶的翅膀上就有青色和綠色的斑點。

豹蛺蝶

貓蛺蝶

蠶

ㄘㄢˊ

蠶寶寶為什麼愛吃桑葉？蠶是怎麼吐絲的？

無題（節選）

唐・李商隱

相見時難別亦難，

東風無力百花殘。

春蠶到死絲方盡，

蠟炬成灰淚始乾。

這是詩人李商隱眾多作品中非常有名的一首。情真意切，將痛苦、失望而又纏綿、執著的情感表達得淋漓盡致。相見很難，離別更難；暮春時節東風無力，百花殘敗，美好的春光即將逝去。這份眷戀之情如同春蠶吐絲一樣，直到死的那一刻才吐完；就像燃燒的蠟燭滴下的蠟油一樣，直到燒成灰燼的那一刻才滴乾。

蠶蛾

我們喜歡吃的桑椹

蠶寶寶喜歡吃的桑葉

33

養蠶繅絲起源於中國，歷史也很悠久。相傳嫘祖發明種桑養蠶之法，並傳授給大家。嫘祖是西陵氏的女兒、黃帝的妃子。不過，這種說法出現得比較晚，大約到了宋代才流行。更可靠的證據來自考古發現。考古學家先後在仰韶遺址、河姆渡遺址、錢山漾遺址中發現了一些重要的文物和證據，證明早在幾千年前，中國人就會養蠶繅絲了。西元2016年，考古學家透過挖掘河南賈湖史前遺址，發現蠶絲蛋白的殘留物，這一發現將養蠶繅絲的行為，往前推到了大約8500年前。

「嬌生慣養」的蠶寶寶

經過上千年的人工選育，家蠶與蠶屬的其他成員已經有了很大的變化：一是食量大，「蠶食」這個詞語就專門用來形容像蠶吃桑葉那樣，一點一點吃掉的侵占行為；二是「嬌生慣養」，因為家蠶的成蟲不會飛，全身雪白，喪失野外生存的能力。

蠶寶寶的一生

剛從卵孵化出來的幼蟲又黑又小，像螞蟻，所以叫「蟻蠶」。

隨著成長和蛻皮，蠶逐漸變得又白又胖。經過四次蛻皮後，蠶停止攝食，開始吐絲、結繭，準備化蛹。

蠶的幼蟲要經過四次蛻皮，變成五齡蟲後才開始吐絲。

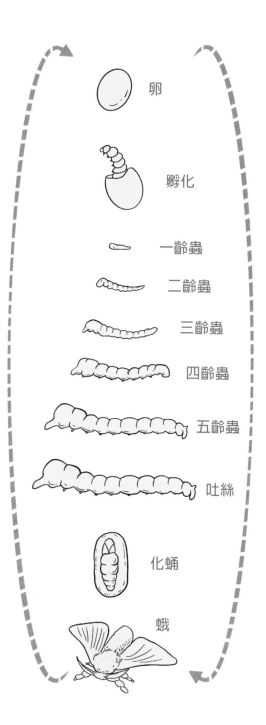

卵

孵化

一齡蟲

二齡蟲

三齡蟲

四齡蟲

五齡蟲

吐絲

化蛹

蛾

蠶寶寶為什麼愛吃桑葉？

不少小朋友都養過蠶，也知道蠶寶寶對桑葉情有獨鍾。但是蠶寶寶為何這麼愛吃桑葉呢？科學研究發現，祕密在於牠們身體中的苦味受體基因 GR66。

透過實驗，科學家獲得純合的 GR66 基因突變體。他們發現，在正常的飼養條件下，突變體蠶寶寶一切都正常，唯獨食性發生了變化，也吃多種新鮮水果和穀物的種子。而沒有突變的野生型蠶寶寶，只吃桑葉或含有桑葉成分的飼料。

也就是說，GR66 基因是抑制蠶寶寶食性的因素。突變體的抑制作用消失，蠶寶寶就能吃多種食物了。這個發現對養蠶業來說非常有意義。蠶寶寶的食性變廣，桑葉供應量短缺就不成問題了。

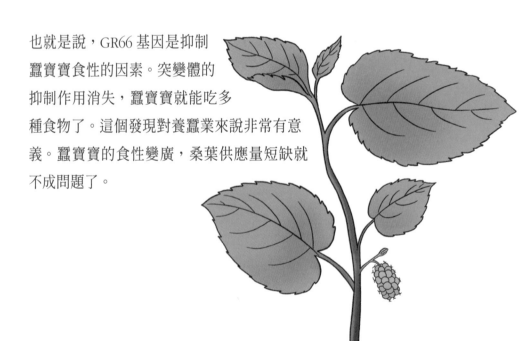

蠶是怎麼吐絲的？

蠶的體內有一個比較複雜的「造絲工廠」——絲腺。蠶絲就是在絲腺內合成與分泌的。根據形態和性能，蠶的絲腺被分為四個部分：後部絲腺、中部絲腺、前部絲腺和吐絲器。蠶絲主要由絲素蛋白和絲膠蛋白組成，後部絲腺分泌絲素蛋白，中部絲腺分泌絲膠蛋白。那前部絲腺有什麼作用呢？它會對絲蛋白進行初步加工，經過一系列複雜的力學作用，逐漸拉伸和凝膠化絲蛋白。伴隨著這個過程，絲蛋白的分子結構也發生變化。最後，絲蛋白溶液進入吐絲器。蠶吐絲時，會抬起頭來並不停左右擺動，將成熟的絲蛋白從吐絲孔中吐出來，就形成了蠶絲。

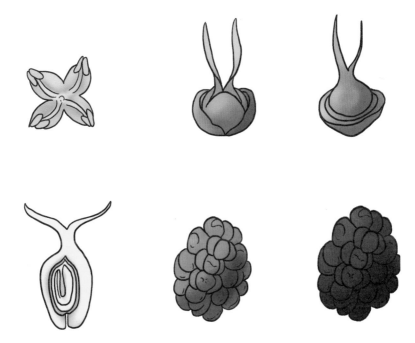

蛾 ㄜˊ

飛蛾撲火真的是因為「笨」嗎？灰撲撲的蛾適合用來形容美人嗎？

梁書・到溉傳（節選）

唐・姚察、姚思廉

研磨墨以騰文，筆飛毫以書信。

如飛蛾之赴火，豈焚身之可吝ㄌㄧㄣˋ！

必耄年其已及，可假之於少蓋ㄐㄧㄣ。

到溉是梁高祖蕭衍的大臣，高祖對他很是賞識，君臣兩人的關係非常融洽。高祖認為到溉的文章寫得好，就像飛蛾赴火一樣，為了追求完美，哪怕弄壞了身子也在所不惜。只是到溉如今年歲已大，高祖因此囑咐他以後就讓年少的孫子代寫。

長尾大蠶蛾的幼蟲

長尾大蠶蛾的
成蟲

古人常在夜晚看見飛蛾撲向燭火，結果落得焚身而亡的下場。於是出現「如飛蛾之赴火，豈焚身之可吝」這樣的感嘆，也有了「飛蛾撲火」這句成語，但其實這只是古人的誤解而已。

為什麼飛蛾會「撲火」？

古時候沒有電燈，大都以火照明，結果飛蛾朝著光明而去，卻被燒死，這可不是飛蛾想要的結果。許多昆蟲都有趨光性，既有向著光源的正趨光性，也有躲避光源的負趨光性，飛蛾顯然是一種有正趨光性的昆蟲。

蛾類多在夜間活動，常有趨光性。

飛蛾只是單純地喜歡光明嗎？現代科學研究認為，飛蛾其實是利用光線來導航。自然情況下，飛蛾利用月光、星光來找到方向。因為天體離我們很遠，基本上可視為平行光，飛蛾只需要與這些平行光保持一定的夾角，就可以朝著一個方向飛。但是人造光源（燭火、電燈等）的距離近，是一種點光源，光線呈放射狀。飛蛾在黑夜裡看到明亮的人造光源，本能地按照與光線保持固定夾角的方式飛行，結果飛行軌跡就變成了螺旋狀，跌跌撞撞地飛向光源。現在，你知道「飛蛾撲火」的真正原因了嗎？

蛾眉是什麼眉？

唐代詩人溫庭筠在〈菩薩蠻〉裡寫道：「懶起畫蛾眉，弄妝梳洗遲。」難道蛾還有眉毛嗎？當然不是，蛾有的是觸角，既細長又彎曲，上面還有橫著的短毛，就像羽毛一樣，也像人的眉毛，所以古人把美人的眉毛稱為「蛾眉」，也漸漸用蛾眉來代指美人。觸角的形狀也是區分蛾與蝶的關鍵，蝶的觸角則是長棒狀的。

蛾的觸角看起來毛茸茸的，很舒展，是不是很美？

蛾究竟美不美？

常見的蛾都是灰撲撲的，而且大多在晚間活動。用牠來形容美人真的合適嗎？很多蛾確實又小又不起眼，比如米蛾。裝米的袋子沒密封，過段時間再打開的話，會從裡面飛出來一些蛾，那就是米蛾。牠們既不好看，又讓人厭惡。但是也有非常美麗的蛾。比如，世界上最大的蛾—烏柏ㄐㄧㄡ 大蠶蛾，還有仙氣飄飄的綠尾大蠶蛾，以及美麗卻有毒的馬達加斯加金燕蛾。

皇蛾

馬達加斯加
金燕蛾

綠尾
大蠶蛾

蛾的生活檔案

生命周期

卵孵化成幼蟲，經過多次蛻皮、吐絲、結繭，蛻變成蛹。蛹在繭裡發育成蛾破繭而出。大部分的蛾在死前交配，雌蛾把卵產在幼蟲期愛吃的葉子上，這片葉子將成為新生幼蟲的第一頓飯。

行為習性

多在夜間活動，常有趨光性。

食物

絕大多數的幼蟲會吃植物的葉子，或鑽進樹幹，靠吸食營養來生存。土壤中的幼蟲會咬食植物的根部等。成蟲取食花蜜，替植物傳粉。

蟋（ㄒㄧ）蟀（ㄕㄨㄞˋ）

為什麼會出現鬥蟋蟀這種活動？蟋蟀為什麼也叫「促織」？

夜書所見（節選）

宋・葉紹翁

蕭蕭梧葉送寒聲，

江上秋風動客情。

知有兒童挑促織，

夜深籬落一燈明。

這首詩是詩人客居異鄉，感時傷懷所寫，抒發了深深的思鄉之情。蕭瑟的秋風吹打著梧桐的葉子，像是在訴說著絲絲寒意。寒風掠過江面，讓詩人不禁思念起久別的家鄉。詩人忽然看到遠處籬笆下的一點兒燈火，料想應該是孩子們在捉蟋蟀，更勾起詩人對童年的回憶。在這首詩裡，「促織」指的便是蟋蟀。

古時候，人們發現兩尾蟋蟀十分好鬥，因而發明了鬥促織的娛樂活動（雄性與雌性的不同之處，在於雄性屁股上有一對尾須，雌性還多了一根長長的產卵管）。

到了宋朝，這項活動開始興盛，南宋宰相賈似道因酷愛鬥促織，人稱「蟋蟀宰相」，甚至還寫出世界上第一部專門研究蟋蟀的《促織經》。到了明清時期，鬥促織更是上自天子，下至平民百姓都愛的休閒活動。明朝文人蔣一葵在《長安客話·鬥促織》中寫道：「京師人至七八月，家家皆養促織……瓦盆泥罐，遍市井皆是，不論老幼男女，皆引鬥以為樂。」清朝小說家蒲松齡在《聊齋志異》中也寫過關於促織的故事：「宣德間，宮中尚促織之戲，歲征民間。」

46 　　　　　鬥蟋蟀是一種非常傳統的遊戲。

雄蟋蟀為什麼好鬥？

雄蟋蟀好鬥，是因為牠們平時獨來獨往，並且有很強的領地意識，一旦有其他雄性靠近自己的領地，雙方就可能打起來。雄蟋蟀只有在繁殖季節才會外出尋找異性。此時如果其他雄性也在場，恐怕避免不了一場惡戰。人們利用雄蟋蟀的這個習性，把兩隻雄蟋蟀放在一個小罐子裡，讓牠們逃無可逃，看牠們彼此爭鬥。不過並不是一上來就開打，而是先鳴叫警告一番，再加上人們用草或馬鬃毛在一旁撩撥，兩隻雄蟋蟀就撕咬起來，直到一方落敗而逃，這場爭鬥才算結束。

聽聽蟋蟀的聲音

蟋蟀是直翅目昆蟲中的一科，也叫「蛐蛐」。古人很早就開始觀察和飼養蟋蟀了。關於蟋蟀的記載，最早見於先秦時期的《詩經》。五代時期的作品《開元天寶遺事》，記載了唐朝宮中養蟋蟀的趣事：「每至秋時，宮中婦妾輩，皆以小金籠捉蟋蟀，閉於籠中，置之枕函畔，夜聽其聲。庶民之家皆效之也。」

一開始，人們養蟋蟀是為了「聽其聲」。雄蟋蟀成蟲的前翅上有發音器，由翅脈上的刮片、摩擦脈和發音鏡組成。雄蟋蟀舉起前翅，左右摩擦，就能帶動發音鏡振動，從而發出聲音。

古人覺得蟋蟀發出的聲音有點兒像織布機，再加上蟋蟀一開始鳴叫，就說明時節要入秋了，天氣即將轉涼。牠的叫聲就好像在提醒人們趕緊織布做冬衣，因而又叫它「促織」。

哪裡能找到蟋蟀？

蟋蟀是穴居的昆蟲，喜歡在夜間活動。牠們常常棲息於地表，比如磚石下、土穴中或是草叢間。

蟋蟀一般在八月開始鳴叫，等到十月天氣轉冷，牠們就會停止鳴叫。看準時間和地點，去找蟋蟀吧！

螳螂 ㄊㄤˊ ㄌㄤˊ

「螳臂當車」只是為了嚇唬人？跳進水裡的螳螂是中邪嗎？

莊子・人間世（節選）

戰國・莊周

汝不知夫螳螂乎？

怒其臂以當車轍，

不知其不勝任也，

是其才之美者也。

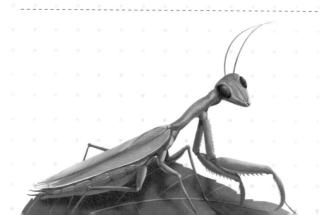

成語「螳臂當車」出自《莊子·人間世》。節選部分的大意是，你沒見過螳螂嗎？牠奮勇地舉起臂膀想阻擋車輪前進，卻不知道自己無力勝任，總覺得自己的能力大得不得了。「螳臂當車」也用來比喻不自量力。

螳螂是螳螂目動物的通稱,目前已知有兩千四百多種。成語「螳螂捕蟬,黃雀在後」有個非常有名的歷史典故,出自西漢史學家劉向編纂的《說苑》。春秋時期,一位官員勸吳王闔ᵃ閭ᵇ不要討伐楚國,他說:「園中有樹,其上有蟬,蟬高居悲鳴飲露,不知螳螂在其後也!螳螂委身曲附,欲取蟬而不知黃雀在其傍也!黃雀延頸欲啄螳螂而不知彈丸在其下也!」

意思是園中樹上有隻蟬正在享受甘露,卻不知身後的螳螂正預備伏擊;而螳螂不知道身後的黃雀伸長脖子想要啄食自己;黃雀不知道孩子正舉起彈弓準備射殺牠。這三個傢伙都只想著眼前的利益,沒有考慮身後潛伏的禍患。吳王闔閭聽了這番話,放棄了出兵的念頭。

螳螂是善於捕獵的昆蟲,古人也觀察到這種現象。多數螳螂喜歡伏擊,靠身體的顏色隱藏在樹葉上或花朵中,舉著前足靜靜地等候獵物進入自己的攻擊範圍,然後快速揮出前足,抓住獵物。

跳進水裡的螳螂是中邪嗎？

有時候，還會看到螳螂像中邪一樣跳進水裡，還有一條像細鐵絲的東西從身體鑽出來。其實那是名叫「鐵線蟲」的寄生蟲，通常和螳螂的食物一起進入螳螂體內。被鐵線蟲寄生的螳螂會遭到控制，甚至改變行為：從喜歡陰暗的環境變成喜歡曝曬在陽光下，或是因為鐵線蟲要到水裡繁殖而突然跳進水裡。

螳螂是個兇猛的傢伙。

螳螂前足的脛節和腿節都有利刺，脛節呈鐮刀狀。可能因為這兇殘的外貌，螳螂也被稱為「刀螂」。

昆蟲小百科

螳螂的特別眼

螳螂是非常有趣的昆蟲，觀察牠們也是很有意思的事情。螳螂的頭是個倒三角形，腦袋上兩個角長著一對大大的眼睛。這對大眼睛是複眼，裡面有許多小眼。仔細看，螳螂的複眼中間有個小黑點，和我們人眼的瞳孔很像。但這其實並非螳螂的瞳孔。

螳螂的眼部結構會導致發射光被遮擋。沒了光，看起來就是黑色的，所以這是一種光學現象，而不是生理結構，因而被稱爲「僞瞳孔」。除了複眼，螳螂還有單眼。牠們的頭頂長著一對細長的觸角，一般是細絲狀，也有念珠狀的。另外，螳螂的口器是咀嚼式的，上顎強勁有力。

螳螂的身形很矯健

螳螂的前胸較長，前足的脛節和腿節都有利刺，脛節呈鐮刀狀，可以向腿節收縮，也像一把彈簧刀。這對前足用來捕食、當武器，有時候也用來保持平衡，然後用中足和後足走路。螳螂有兩對翅膀，前翅爲覆翅，後翅爲膜翅。像是眼斑螳螂，翅膀上還有漂亮的顏色和花紋。螳螂的飛行能力並不強，雌螳螂的後翅甚至退化了。

面露兇相只為自保

如果在野外發現螳螂，湊到地面前時會發現螳螂揮舞起「鐮刀」，甚至張開翅膀。牠並不是把你當成獵物，而是感到威脅，用這種姿勢來恐嚇和警告。當然，人並不會被嚇到，畢竟螳螂在人面前實在太弱小了。「螳臂當車」也是同樣的道理，人們覺得牠不自量力，但螳螂其實只是在保護自己罷了。

蟬 ㄔㄢˊ

金蟬是怎麼脫殼的？蟬為什麼總是叫個不停？

入若耶溪

南北朝・王籍

舫ㄩˊ艎ㄏㄨㄤˊ何泛泛，空水共悠悠。

陰霞生遠岫ㄒㄧㄡˋ，陽景逐回流。

蟬噪林逾靜，鳥鳴山更幽。

此地動歸念，長年悲倦遊。

詩人乘坐一艘船，駛向若耶溪的上游，船行速度和緩。抬頭望天，白雲悠然；低頭看水，也是一派悠悠。遠處的山峰裡有層層雲霞，陽光照耀著蜿蜒曲折的若耶溪。蟬鳴陣陣，顯得林間越發寂靜；鳥鳴聲聲，襯得山中更見幽深。這樣的美景讓詩人有了歸隱之心，竟因仕途半生而傷感起來。

秋日到來，蟬的生命也就走到了盡頭。八月（最晚九月），蟬大多死去，還剩下苟延殘喘的寒蟬。宋朝詞人柳永的詞句「寒蟬淒切，對長亭晚，驟雨初歇」正是這一時節的寫照。古人未必知道寒蟬屬和其他蟬的區別，大概只是隨著季節的變化，到了蕭瑟的秋季便藉寒蟬表達悲戚、傷感和孤獨的情感。不過，寒蟬也很配合地孤獨鳴唱，好像知道別的蟬都熱鬧完了，自己沒趕上。其實寒蟬本身叫得很開心其實是件喜事，是因為牠們要尋覓「佳偶」，完成終身大事。

寒蟬不敢出聲嗎？

除了淒涼的意象，古人還用寒蟬表達因害怕、有所顧慮而不敢說話的意思。如成語「噤若寒蟬」，出自《後漢書·杜密傳》，書中記載：「劉勝位為大夫，見禮上賓，而知善不薦，聞惡無言，隱情惜己，自同寒蟬，此罪人也。」這裡的「寒蟬」應該不是指寒蟬屬的蟬，而是指天冷時候的蟬。其實天一冷，蟬大多死掉了，自然無法出聲。

寒蟬屬的蟬可不是不敢出聲。與又黑又大的常見黑蚱蟬不同，蒙古寒蟬不僅外形秀氣一些，顏色也更好看，身上還有白色和淡青色的紋路。夏末，牠們叫得可兇了，聽起來像「伏天……伏天……」，因此蒙古寒蟬在北京也稱作「伏天」。

蟬是夏日的好玩伴。

蟬是怎麼發聲的？

和蟋蟀類似，雌蟬不發聲，雄蟬則可以發出「蟬鳴」。但牠們不是靠翅膀的摩擦，而是依靠腹部可收縮的「鼓室」。雄蟬腹部的第一、二節有鳴器，腹部兩側有兩個又大又圓的音鼓，就像大鼓的鼓膜。當腹部的鳴肌收縮時，帶動鼓膜振動就會發出聲音。雄蟬的鳴肌每秒能收縮約一萬次，再加上音鼓下還有氣囊共鳴器，使得蟬鳴分外響亮。如果一群雄蟬一起鳴叫，更是聲如洪鐘。

金蟬是怎麼脫殼的？

蟬也叫「知了」，是半翅目蟬總科的昆蟲，為不完全變態的昆蟲。若蟲在地下蟄伏好幾年，最後一次蛻皮前才爬出地面。蛻皮時，若蟲的外骨骼逐漸開裂，經過兩小時左右，成蟲從原來的外殼中鑽出來，逐漸伸展翅膀完成羽化。這個過程中留下的若蟲外骨骼就是「蟬蛻」。成語「金蟬脫殼」，就是用蟬羽化的過程來形容靠計謀脫身。

雌蟬將卵產在樹枝裡，蟬卵大多數是白色條狀的。

孵化後的若蟲掉落後會鑽入土中，並在土中活動很長一段時間。

長壽的蟬

雖然蟬的成蟲壽命短，但是蟬的若蟲壽命長，有種「十七年蟬」更是占據長壽昆蟲的榜首。這種蟬不僅壽命長，還非常「懂數學」。要嘛不出土，要嘛一大群在十七年後一起出土羽化，那場面可謂十分壯觀。為什麼會這樣呢？數學好的人可能已經注意到了：十七是個質數（除了一和自己以外，無法被別的數字整除）。另外還有「十三年蟬」，十三也是質數。根據科學家的推測，這樣的生命周期可以大幅降低羽化後遇到天敵及天敵後代的機率，增加存活率。

終齡若蟲會在某夜爬出土壤，羽化成蟬。

蟬為什麼叫個不停？

你有沒有遇過：炎炎夏日的午後，正想睡個午覺，結果被蟬鳴吵得睡不著？為什麼蟬喜歡在炎熱的天氣大聲鳴叫呢？蟬生活在溫帶和熱帶地區，對溫度的要求較高，通常在六月末、七月初的時候羽化為成蟲。成蟲的壽命較短，通常活不過一個夏天，所以雄蟬就要抓緊時間鳴叫，吸引雌蟬的注意，從而完成繁殖大業。

天_{ㄊㄧㄢ} 牛_{ㄋㄧㄡˊ}

天牛的幼蟲叫什麼？聽說天牛是個「破壞王」？

衛風・碩人（節選）

先秦・佚名

手如柔荑_{ㄊㄧ}，

膚如凝脂，

領如蝤_{ㄑㄧㄡ}蠐_{ㄑㄧˊ}，

齒如瓠_{ㄏㄨ}犀。

這幾句詩節選自《詩經》，讚美的是春秋時期齊莊公的女兒、衛莊公的夫人——莊姜。節選的大意是說她的手像剛長出的茅草嫩芽一樣柔嫩、皮膚像凝凍的脂膏一樣白潤、雪白的脖子像蝤蠐一樣優美、牙齒像瓠瓜的籽一樣整齊。蝤蠐是天牛的幼蟲，它們大多白白胖胖，外表光滑。《詩經》中用「領如蝤蠐」形容美人白皙光潔的脖頸，後人則延伸出成語「楚腰蝤領」，來形容女子體態優美。

天牛長長的觸角，就像京劇演員的翎子。

這是一隻光肩星天牛，鞘翅上的淺色斑點是星天牛家族的特徵。鞘翅之下，藏著薄而寬大的後翅，只有當牠飛起來的時候才看得到。和其他天牛一樣，牠也長著招牌的長觸角。

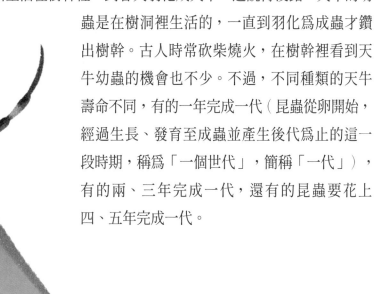

唐代藥學家陳藏器在《本草拾遺》中記載：「蠐螬，木蠹ㄉㄨˋ……生腐木中，穿木如錐刀，至春羽化爲天牛。」意思是蠐螬生活在樹幹裡，到春天羽化成天牛。這說得沒錯，天牛的幼蟲是在樹洞裡生活的，一直到羽化爲成蟲才鑽出樹幹。古人時常砍柴燒火，在樹幹裡看到天牛幼蟲的機會也不少。不過，不同種類的天牛壽命不同，有的一年完成一代（昆蟲從卵開始，經過生長、發育至成蟲並產生後代爲止的這一段時期，稱爲「一個世代」，簡稱「一代」），有的兩、三年完成一代，還有的昆蟲要花上四、五年完成一代。

漫長的幼蟲期

天牛是鞘翅目（也就是甲蟲）中的一科，是完全變態的昆蟲，成蟲將卵產在樹皮下，卵孵化後，幼蟲蛴螬以樹木為食。天牛一生中最漫長的就是幼蟲期，經過好幾個月的幼蟲期才化蛹，十幾天後蛹成為成蟲。天牛成蟲需要的食物並不多，變為成蟲後，牠們的生命也走到了盡頭。

天牛有哪些特徵？

天牛最突出的特徵就是牠長長的觸角。牠的英文名是「long horned beetle」，直譯就是「角很長的甲蟲」。與蟋蟀那種又長又細的觸角不同，天牛的觸角是粗壯且一節一節的，通常為 11 節。比如華星天牛，體長為 1.9 至 3.9 公分，整體是黑色的，有時候帶有金屬光澤。牠的觸角也是 11 節，並且在第 3 至第 11 節中，每節的基部都有淡藍色的毛環，看起來黑白（淺藍色遠看像白色）相間，非常獨特。牠的腿上還有一些藍灰色的細毛，每片鞘翅上約有二十個小小的白色毛斑，排列成不整齊的五個橫行。鞘翅基部還有許多密集的小顆粒，長度不到整個翅長的四分之一。華星天牛的雌性和雄性長得相似，可以透過觸角的長度來區分。雌性的觸角比身體長 1 至 2 節，而雄性的觸角要比身體長出 4 至 5 節。

可以在哪裡、在什麼時候看到天牛？

這 取決於你想看見幼蟲還是成蟲。成蟲一般在春夏季節羽化，而且不少天牛都鍾情於某一種、某一類樹木。所以，針對想觀察的天牛品種去找樹，八成都找得到。

以 比較常見的雲斑天牛（別名「核桃大天牛」）為例，牠們喜歡核桃樹，也會對蘋果樹、梨樹等果樹及楊樹、柳樹、桑樹等樹木造成危害。但如果想看雲斑天牛，不妨去這些樹上找找。

如 果想看幼蟲，冬季會是比較好的時間點。天牛幼蟲大多躲在樹幹內過冬。冬季到樹林裡找些枯木，稍微掰開樹幹可能就會看到天牛那白白胖胖的幼蟲了。但對林木和木建築來說，天牛的幼蟲蠐螬是個「破壞王」。

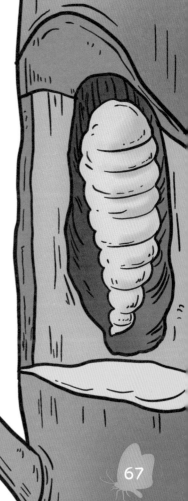

天牛幼蟲很能吃，會蛀空樹幹。

蒼 ㄘㄤ 蠅 ㄧㄥˊ

為什麼打不到蒼蠅？法醫為什麼用蛆來推算死亡時間？

送窮文（節選）

唐・韓愈

朝悔其行，暮已復然，

蠅營狗苟，驅去復還。

這幾句話出自唐代文學家韓愈的名篇〈送窮文〉。「送窮」是中國民間很有特色的一種風俗，就是祭送窮神。節選部分是主人祭送窮神時對窮神說的話。意思是主人早上悔恨自己的行為，傍晚卻又故態復萌。你們（窮神）像蒼蠅那樣飛來飛去地逐食腐物，像狗那樣苟且偷生，剛把你們趕走，你們轉眼又回來。

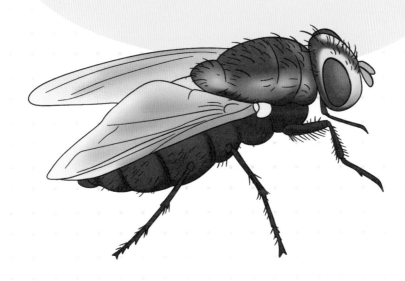

麗蠅

蟲兒有歷史

古人極其討厭蒼蠅，常用其比喻讒言亂國的小人。《詩經·小雅·青蠅》中寫道：「營營青蠅，止於樊。豈弟君子，無信讒言。」意思是蒼蠅亂飛聲嗡嗡，飛上籬笆把身停。平和快樂的君子，不要聽信那讒言。南北朝時期的文學家鮑照也曾在《代白頭吟》中寫道「點白信蒼蠅」，意思是有些小人像蒼蠅那樣巧於辭令，妄進讒言。

不過，明代著名醫藥學家李時珍曾在《本草綱目》中記載：「蠅處處有之。夏出多蟄，喜暖惡寒……其蛆胎生。蛆入灰中蛻化為蠅，如蠶、蠍之化蛾也。」可見古人對蒼蠅的習性還是有一定了解的。

蒼蠅怎麼變成骯髒的代名詞？

蒼蠅是雙翅目中一大類昆蟲的統稱，有長得像蜜蜂也吸食花蜜的食蚜蠅，也有喜歡吃腐敗水果的果蠅等。但說起蒼蠅，人們更常聯想到家蠅、麗蠅這些以腐肉、糞便為食的蠅。受食物分布的影響，牠們生活的環境衛生條件比較差，所以在很多人的印象裡，蒼蠅就成了骯髒、不擇手段的代名詞。「蠅營狗苟」這個成語，就用來形容有些人像蒼蠅和狗那樣，為了一己私利到處投機取巧。

蒼蠅是完全變態的昆蟲，雌蠅多半會把卵產在牠們的食物上，讓幼蟲在「美味」的食物上孵化後，馬上就能吃這些食物。蒼蠅的幼蟲也被稱為「蛆」，它們只吃不拉。因此，家蠅、麗蠅等吃腐肉、糞便的幼蟲蛆在環境中扮演了「清道夫」的角色。

蛆

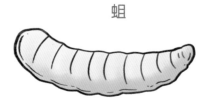

71

為什麼打不到蒼蠅？

哪怕動作再快，在蒼蠅眼裡都是慢動作。看到一連串閃爍的光時，如果光的閃爍頻率很低，就能看出它是一閃一閃的；如果光的閃爍頻率變高，就會覺得它是連續穩定的光，這個現象叫作「閃光融合」。剛好感覺不出光的閃爍頻率就是「閃爍臨界頻率」。

通常會用它來表示動物對時間的感知能力。這個值越高，表示動物感受到的時間越慢。科學研究顯示，如蒼蠅這樣體型小的動物，新陳代謝速率更高，也能在單位時間內接收更多訊息。在蒼蠅的感知中，時間過得比人類感受的更慢。所以在牠們眼中，人類的一舉一動就像慢慢動作畫面。於是，蒼蠅就有了更多的時間反應和逃跑了。

為什麼蒼蠅站在玻璃上不會打滑？

因為蒼蠅長著十分奇特的腳，腳上的毛就像吸盤一樣，可以讓牠穩穩地站在光滑的物體表面。此外，這「吸盤」還能分泌出黏液。而且末端面積比較大，因而增加了腳底與玻璃等光滑物體的接觸面積。有了這幾重保障，蒼蠅站在玻璃上就不容易打滑了！

法醫為什麼用蛆來推算死亡時間？

人去世後，如果沒有及時包裹起屍體，數小時內就會吸引蒼蠅前來產卵（冬天較少）。八至十四小時卵就會內孵化出蛆（具體看溫度等條件），蛆就以腐肉為食，然後蛻皮生長。

蛆在每一個蛻皮階段都有一定的時間規律，六至十天左右，蛆就會爬到地上變成蛹，再過一周至十幾天就能化蛹變成蒼蠅。所以法醫會根據蛆的種類、體長、生長階段，再結合氣溫、濕度等環境因素，推斷出屍體的死亡時間。

蚊ㄨㄣˊ 子ㄗˇ

蚊子都叮什麼人？被蚊子咬為什麼那麼癢？

漢書・中山靖王劉勝傳（節選）

東漢・班固

夫眾煦ㄒㄩˋ漂山，

聚蚊成雷。

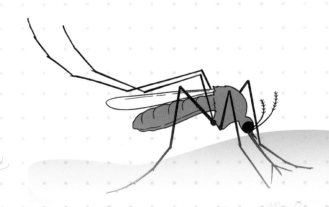

成語「聚蚊成雷」出自《漢書·中山靖王劉勝傳》，節選部分的意思是，許多人一起吹氣，能使山飄走；許多蚊子聚在一起，聲音會像雷聲那樣大。在人們的印象裡，蚊子有著負面的形象，也被用來比喻說壞話的人。

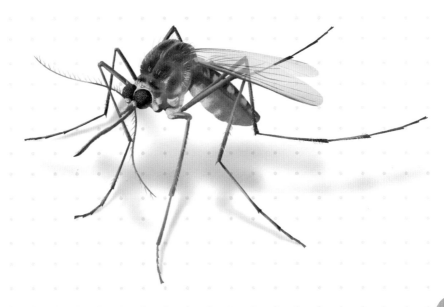

古人對蚊蟲早有認識。漢代《淮南子》中有「孑孓為蚊」的說法，表示那時候人們已經知道蚊子是由孑孓蛻化而成的。不僅如此，人們還想出很多對抗蚊蟲的方法：中國很早就有蚊帳、紗窗、細竹簾等防蚊工具；人們也會在夏季燃燒艾草、浮萍和樟腦等辦法驅蚊，更有人排除汙水來清除蚊子的孳生地。

自然放大鏡

什麼蚊子會傳播疾病？

蚊子的頭很小，接近球形，頸部很細，眼睛是複眼。蚊子的嘴叫「刺吸式口器」，像針一樣能扎破動物的皮膚。其實並不是所有蚊子都會傳播疾病：黃熱病和登革熱主要由斑蚊傳播，瘧疾主要由瘧蚊傳播，而日本腦炎主要由家蚊傳播。

蚊子都叮什麼人？

蚊子是雙翅目蚊科的昆蟲，也有昆蟲標配的兩對翅，但是後翅退化成一對平衡棒，僅靠一對前翅飛行。蚊子飛行時的振翅頻率非常高，會發出「嗡嗡嗡」的聲音，一聽到就知道惱人的蚊子來了。

網路上盛傳血型是吸引蚊子的關鍵，但這些說法完全沒有科學依據。蚊子無法辨別人類的血型，而是根據呼出的二氧化碳定位目標，然後再根據皮膚出汗時排出的乳酸、尿酸、氨等物質，來進一步鎖定目標。所以，吸引蚊子的因素很多，目前還沒有明確的定論。可怕的是，蚊子叮咬人的過程還可能傳播黃熱病、瘧疾、登革熱等疾病。

被蚊子咬為何那麼癢？

除了叫聲惱人，蚊子還會吸血，同時向人體傷口注入唾液。蚊子的唾液中含有抗凝血物質，可以保證牠在吸血時血液不會突然凝固。但蚊子注入的唾液會引起人體的免疫反應，人們才會出現皮膚紅腫和痛癢的症狀。雖然都是母蚊在吸血，卻不完全是因為餓了才吸血，其實吸血後母蚊的卵巢才能好好發育，完成產卵繁殖的任務。

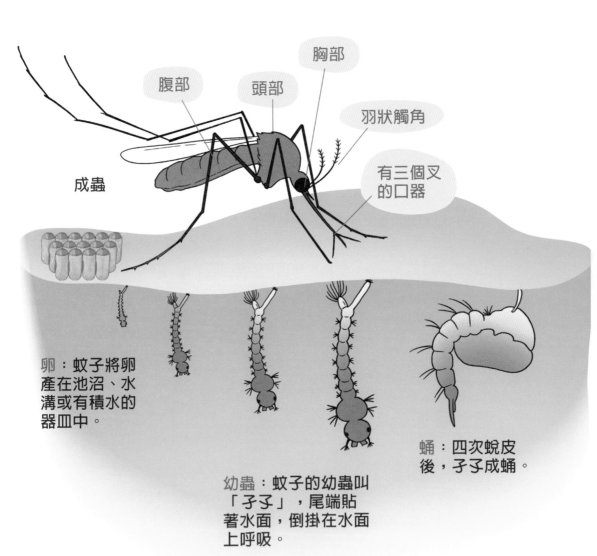

成蟲

腹部

頭部

胸部

羽狀觸角

有三個叉的口器

卵：蚊子將卵產在池沼、水溝或有積水的器皿中。

幼蟲：蚊子的幼蟲叫「孑孓」，尾端貼著水面，倒掛在水面上呼吸。

蛹：四次蛻皮後，孑孓成蛹。

可以讓蚊子絕種嗎？

傳統的滅蚊方法，像是點蚊香、使用電蚊香、噴殺蟲劑的效果都非常有限。真正有可能讓蚊子絕種的方法，還是得靠高科技。

在2016年里約奧運期間，由蚊子傳播的茲卡病毒令人害怕。為了消滅這種病毒，科學家們放了一群特殊的蚊子。什麼？不滅蚊子還放蚊子？因為他們放的其實是經過基因改造的公蚊。由於咬人吸血的都是母蚊，與特殊的公蚊交配後，產下的後代帶有這些公蚊的某種特殊基因 —— 必須吃四環素才能存活，但四環素是人工合成的化學物質，自然條件下根本無法產生，於是這些蚊子就會因此死亡。

還有科學團隊利用特定的菌株，幾乎成功消滅一座島上的所有蚊子。他們透過技術，讓蚊子感染沃爾巴克氏菌的某一特定菌株，如果攜帶不同菌株的蚊子互相交配，產生的蚊卵發育就會異常，無法孵化出幼蟲。

白蟻 ㄅㄞˊ 蟻 ㄧˇ

古人怎麼防治白蟻？白蟻和螞蟻是「一家人」嗎？

韓非子・喻老（節選）

戰 國 ・ 韓 非

千 丈 之 堤 ，

以 螻 蟻 之 穴 潰 ；

百 尋 之 室 ，

以 突 隙 之 煙 焚 。

千里大堤，可能因爲螻蟻蛀洞導致決堤坍塌；百尺高樓，可能因爲煙囪迸出的火星引起火災，而被焚毀。後來這句話衍伸爲成語「千里之堤，毀於蟻穴」，表示小小的隱患造成了巨大的災難。

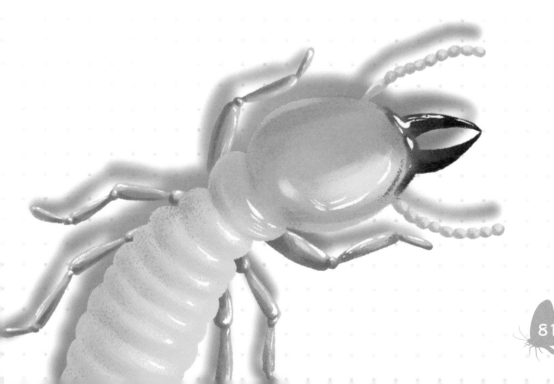

白蟻帶給古人不少煩惱，像是危害堤防、建築物等。於是，人們也想出很多對抗白蟻的方法。從宋代《爾雅翼》裡的「柱礎去地不高，則是物（白蟻）生其中」可以看出，傳統建築中的柱礎，就是用來防白蟻的。

白蟻和螞蟻是「一家人」嗎？

成語「千里之堤，毀於蟻穴」裡的「蟻」，指的是白蟻。雖然名字都有「蟻」字，長得也很像，還都是社會性昆蟲，但是白蟻和螞蟻可不是「一家人」。螞蟻和蜜蜂的親緣關係比較近，都屬於膜翅目；而白蟻和蟑螂的親緣關係更近，都屬於蜚蠊目，因此可以說白蟻是具社會性的蟑螂。

白蟻雖小，卻是個「大胃王」。大多數白蟻的兵蟻和工蟻沒有眼睛。

住在白蟻肚子裡的蟲

大家都知道白蟻愛吃木頭，但是吃木頭可不是一件簡單的事。大部分的動物都無法消化木頭裡的纖維素和木質素，但是白蟻有幫手——披髮蟲。這是一種鞭毛蟲，生活在白蟻溫暖、濕潤而且安全的腸道裡。披髮蟲會分泌一種能消化纖維素的酶，消化白蟻吃下去的木頭，並將之轉變爲葡萄糖直接吸收。剛孵出的白蟻體內沒有披髮蟲，要靠舔舐其他白蟻的肛門來獲得。白蟻和披髮蟲這種互相幫助、彼此得利的關係稱爲「互利共生」。

婚飛的白蟻

每年二至六月，黃昏時分或大雨過後，能看到成千上萬隻小蟲在空中飛舞。尤其在有燈光的地方，密密麻麻的全是小蟲。仔細看，牠們長著兩對一樣長的花瓣形長翅膀，通常是半透明的灰褐色。在一陣遮天蔽日的飛舞後，這些小蟲的翅膀紛紛掉落在地上。其實這些也是白蟻，更精準一點地說，牠們是婚飛的白蟻。

白蟻也會飛嗎？沒錯。不過牠們只在繁殖季節長出翅膀，並且只有部分的繁殖蟻有翅膀，因而被人稱為「飛蟻」。如果一對飛蟻配對成功，就會抖掉翅膀，一起尋找適合建築新蟻巢的地方，成為新蟻巢的「蟻王」和「蟻后」。然而，配對成功的飛蟻只是少數，大多數的飛蟻沒能完成繁殖任務就被捕食者吃掉，或者掉落水中淹死。

白蟻只有在繁殖季節才會長出翅膀。

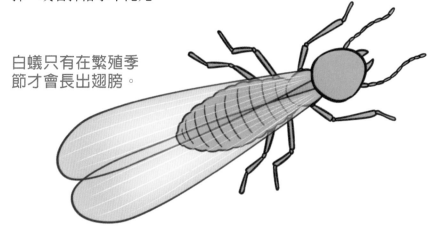

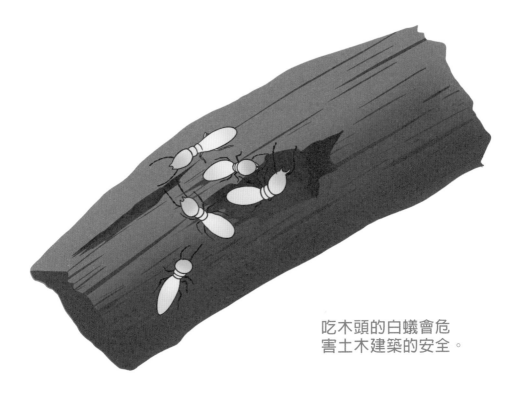

吃木頭的白蟻會危
害土木建築的安全。

防火、防白蟻

　　白蟻是白蟻科昆蟲的統稱，種類繁多，超過三千種，主要分
布於熱帶和亞熱帶地區。如果在家裡發現一隻白蟻就要當
心了，這意味著家裡的木頭可能都被白蟻掏空了。必要時要請專
業人士來處理。尤其是木造的古建築保護工作，除了防火還得防
白蟻。

蝨^ㄕ 子^ㄗ

古人不討厭蝨子嗎？人在什麼情況下會長蝨子？

蒿里行（節選）

東漢 · 曹操

淮南弟稱號，刻璽於北方。

鎧甲生蟣^{ㄐㄧ}蝨，萬姓以死亡。

白骨露於野，千里無雞鳴。

生民百遺一，念之斷人腸。

這是一首反映歷史現實的詩。東漢末年，關東各郡將領起兵討伐董卓，百姓生活在水深火熱之中。節選的這幾句是說袁紹和袁術兩人，一北一南，都起了稱帝之心。戰士們連年征戰，不解鎧甲，結果都生滿了蟣蝨（蟣蝨），百姓也死傷無數。累累白骨，散布在荒野，無人收埋，方圓千里也沒有人煙，更聽不見雞鳴。百姓都不剩幾家人了，想想就讓人肝腸寸斷。

蟣，蝨的幼蟲。

古人不討厭蝨子嗎？

隨著衛生意識的增強和衛生條件的改善，現在蝨子基本上消失在人類的視線範圍內。但是在古代，由於衛生條件差，身上有蝨子是常有的事。古人對此態度卻十分淡然，甚至一度受到名士的追捧，歷史上還留下許多與抓蝨子有關的典故。

東漢時期，有個叫趙仲讓的文人，是「跋扈將軍」梁冀的從事中郎。某個冬日，趙仲讓解開衣服對著太陽捉蝨子。梁冀夫人覺得這樣「不乾淨」，梁冀卻讚嘆：「是趙從事，絕高士也。」

最有名的典故之一和魏晉時期的大將軍王猛有關。王猛出身貧寒，卻心存高遠的志向。東晉權臣桓溫北伐，擊敗苻堅，王猛前去求見，卻只穿著麻布短衣。大庭廣眾之下，他一邊抓著身上的蝨子，一邊和桓溫暢談天下大事。桓溫很是賞識，向王猛遞出橄欖枝，王猛卻拒絕了。後來，苻堅專門派人去請王猛出山，王猛欣然答應，苻堅更是把他比作諸葛亮。王猛也是不負眾望，成為政績卓著、戰功赫赫的大將軍。

在古代，這樣的故事還不少，可見當時的文人雅士不僅不討厭蝨子，甚至還把「捫蝨清談」當作一種不拘小節、氣度非凡的表現。據說，當時人們捉完蝨子之後，還要專門養著。

蝨的生活檔案

生命周期：蝨子的發育分三個階段，從卵到若蟲，再到成蟲。雌蝨會分泌黏性物質，把卵產在毛髮或衣物纖維上，很難清理乾淨。

行為習性：蝨子寄生於人體、一些哺乳動物和鳥類身上。

食物：宿主的血液。

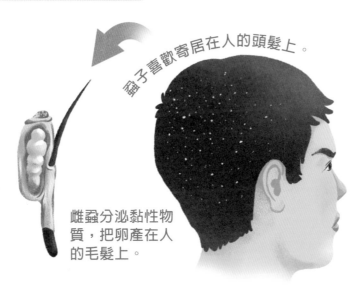

蝨子喜歡寄居在人的頭髮上。

雌蝨分泌黏性物質，把卵產在人的毛髮上。

蝨的成蟲。

蝨子的藏身處

曹操詩句中的「蟣蝨」是「蟣」和「蝨」。「蟣」指的是「蝨」的卵和若蟲，「蝨」通稱為「蝨子」，指蝨目這類寄生性昆蟲。牠們的個頭非常小，只有幾公釐大，沒有翅膀，不會飛，喜歡藏在人、家畜等其他哺乳動物的毛髮或鳥類羽毛下，吸食宿主的血液。過去由於衛生條件較差，人們長期不洗澡，身上就容易長蝨子。鎧甲裡長蝨子，也說明將士們穿上這身鎧甲很久都沒有清洗，反映出戰爭的漫長和殘酷。

藏身鎧甲、叮咬人體的蝨子很可能是人體蝨，也叫「衣蝨」。牠的身體可以分為頭、胸、腹三部分，胸部長有三對足。蝨子是不完全變態發育的昆蟲，只經過卵、若蟲和成蟲這三個時期。牠的卵是類似橢圓形的白色小顆粒，孵化出的若蟲「蟣」，長得跟成蟲有些相似，經過三次蛻皮後變為成蟲「蝨」。

卵寄居在人的毛髮上。

如何去除蝨子

即便在古代，也不是所有人都喜歡身上有蝨子。古人頭髮很長，很難抓頭上的蝨子。雖然有些天然的洗髮水，如草木灰、淘米水、皂角等，但古人也不常洗頭。於是，人們發明了一種工具，叫「篦²子」，中間有橫梁，兩邊有兩排非常密的齒，專門用來梳掉寄生在頭上的蝨子。

篦子

蜉蝣 ㄈㄨˊ ㄧㄡˊ

蜉蝣真的很短命嗎？
牠們如何在短暫的時間內完成繁衍重任呢？

赤壁賦（節選）

宋・蘇軾

寄蜉蝣於天地，渺滄海之一粟。

哀吾生之須臾ㄩˊ，羨長江之無窮。

挾飛仙以遨遊，抱明月而長終。

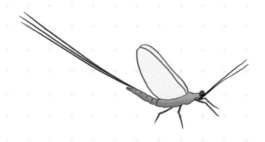

元豐五年（西元 1082 年），蘇軾被貶黃州，正經歷人生最困難的時期。他兩次泛遊赤壁，寫下的《赤壁賦》和《後赤壁賦》在北宋文壇有著重要的地位。這裡節選部分是指：（我們）如同蜉蝣置身於廣闊的天地中，像滄海中的一粒粟米那樣渺小。哀嘆我們的一生只是短暫的片刻，不由得羨慕長江的沒有窮盡。想要攜同仙人遨遊各地，與明月相擁，永存於世間。

纖纖欲飛的蜉蝣。

在古人眼中，蜉蝣的壽命只有一天，所以用「朝生暮死」來形容這種小蟲的一生。這大概是因為牠們的口器退化，無法進食，飛行和繁殖又會消耗很多能量。牠們一旦產完卵，就會立馬死去。不過，蜉蝣成蟲的壽命其實也很短。

在這之前，蜉蝣的卵在水中孵化，幼蟲在水中成長，以水草、水生無脊椎動物為食，時間可以長達三年。期間蜉蝣要經歷一次次的蛻皮（大部分十二次，少部分二十至三十次），有些種類甚至蛻皮高達四十次。

古老的蜉蝣

蜉蝣是蜉蝣目昆蟲的統稱，是一種非常古老且原始的昆蟲。蜉蝣大約在三億年前就生活在地球上了，其原始體現在牠們不能折疊的翅膀上。蜉蝣的身形纖細柔弱，前翅發達，後翅退化到不仔細看還看不出來，腹部末端還有一對長長的絲狀尾須。

繁殖的季節，成群的雄性蜉蝣婚飛（群體繁殖行為），雌性蜉蝣則飛入蟲群與雄性蜉蝣交配。

「少年」蜉蝣

非常特別的是，蜉蝣在幼蟲和成蟲之間還存在一個「亞成蟲」的階段。幼蟲爬出水面後蛻皮成為亞成蟲，此時的蜉蝣翅膀呈不透明或半透明狀態，身體顏色灰暗，大部分的器官也沒有發育成熟。牠們就靜靜地躲在葉子背面，等待最後一次蛻皮，變成身體雪白或奶黃、翅膀透明的成蟲，準備舉行盛大而莊嚴的集體婚禮。

蜉蝣的集體婚禮

卵：蜉蝣將卵產於水中。

幼蟲：蜉蝣的幼蟲生活在水中。

為了在最短的時間內完成尋找配偶、交配並產卵的任務，蜉蝣會集體在河面上婚飛，那場面極其壯觀。成千上萬隻蜉蝣聚集在河面上，夕陽照在牠們透明的翅膀上，泛出金色光芒，十分美麗。不久之後，完成終身大事的蜉蝣紛紛死去，屍體漂散在水面上，似落雪，也似飛花。為了完成這場集體婚禮，幼蟲們也像商量好一樣，在同一時間上岸蛻皮。

蜉蝣對水質的要求很高，對缺氧和酸性的環境非常敏感。牠們只會選擇水質好的溪流、湖泊產卵。在受汙染的水域是看不到蜉蝣的，更別提婚飛的盛景了。

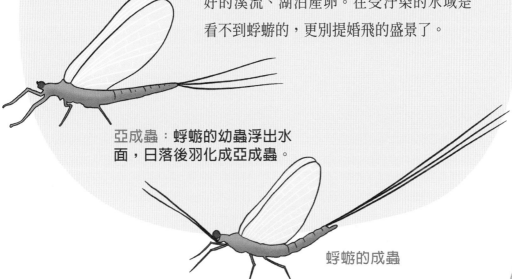

亞成蟲：蜉蝣的幼蟲浮出水面，日落後羽化成亞成蟲。

蜉蝣的成蟲

尺 ㄔˇ 蠖 ㄏㄨㄛˋ

尺蠖真的會變色嗎？尺蠖的名字是怎麼來的？

易傳・系辭傳下（節選）

尺蠖之屈，

以求信也；

龍蛇之蟄，

以存身也。

尺蠖盡量彎曲自己的身體，是爲了伸展前進；龍蛇冬眠，是爲了保全性命。這句話告訴我們，人也要學會退讓和忍受，保存實力，才能在必要的時候充分展現自己的能力。

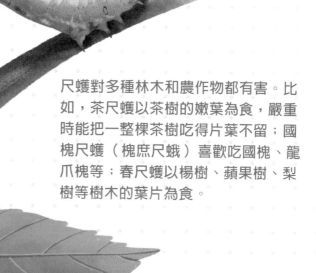

尺蠖對多種林木和農作物都有害。比如，茶尺蠖以茶樹的嫩葉爲食，嚴重時能把一整棵茶樹吃得片葉不留；國槐尺蠖（槐庶尺蛾）喜歡吃國槐、龍爪槐等；春尺蠖以楊樹、蘋果樹、梨樹等樹木的葉片爲食。

尺蠖真的會變色嗎？

漢代小說集《說苑》中有這樣一句話：「夫尺蠖食黃則其身黃，食蒼則其身蒼。」意思是說，尺蠖吃下黃色食物就會變成黃色的，吃下綠色食物就會變成綠色的。這是真的嗎？尺蠖確實會變色，但不是透過吃不同顏色的食物，而是感知周圍環境的變化來改變顏色。曾有科學家把尺蠖放到不同顏色的稈子上，牠們就迅速調整，變成和稈子一樣的顏色。哪怕是深淺不同的同色系稈子，牠們也能進行細微的調整來匹配。

要做到這一點，需要有能感知顏色的器官。尺蠖的眼睛結構很簡單，只有幾個很小的單眼。科學家發現尺蠖的單眼中有視蛋白，是一種具有感光功能的蛋白質。不過，他們猜想尺蠖除了眼睛，應該還有其他可以感光的地方。於是進一步在尺蠖的眼睛塗上黑色顏料，讓牠們失明，牠們仍然可以變色。果然，尺蠖的皮膚裡也檢測出視蛋白。

尺蠖的名字是怎麼來的？

尺蠖是鱗翅目尺蛾科的幼蟲。這個科的成員龐大，有幾萬種之多。中國各地常見的是槐庶尺蛾。「蠖」字來於「蒦」，是度量的意思。「尺蠖」這個名字，得名於幼蟲獨特的移動方式。

尺蠖如何向前爬？

一般來說，鱗翅目昆蟲（各種蝴蝶、蛾）的幼蟲在腹部都有三對胸足、多對腹足和一對臀足。但是尺蠖很特別，除了胸足和臀足，牠只有一對腹足。由於缺少中間的腹足，沒辦法像其他「毛毛蟲」那樣行動，只能一開一合地移動，看起來就像人類張開拇指和食指比畫距離、測量長度的動作。古人說「尺蠖之屈」，也是指牠這種獨特的移動方式。現在常用「尺蠖之屈」，來比喻以退為進的策略。

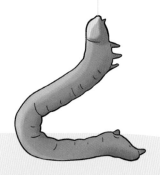

尺蠖為什麼叫「吊死鬼」？

有時候走在樹下，會看到一條小蟲子突然降落在面前，就那麼懸在空中嚇人一跳。再仔細一看，會發現牠被一根細細的絲牽拉著，這種小蟲子也是尺蠖。

尺蠖有絲腺，能像蠶一樣分泌絲線。當牠遇到危險，就立刻吐絲下垂以躲避天敵，所以尺蠖也被稱為「吊死鬼」。

另外，牠還會藉由絲線「盪鞦韆」。當牠把一棵樹吃得差不多了，就會吐一根絲把自己吊起來。有風吹過時，就能靠著風力從一棵樹盪到另一棵樹上，尋找新的食物樂園。

假裝成樹枝的蟲

尺蠖不僅可以變色，還能模擬樹枝的形態。牠會用腹足和臀足牢牢地抓住樹枝，筆直地抬起上半身，和樹枝呈一定角度，然後一動也不動地假裝自己是根短短的枝條。再加上牠的身體顏色、花紋與周圍樹枝幾乎一致，真的很難被發現。唯一的破綻，可能就是牠的腳了。

更厲害的是，合綠尺蛾屬的尺蠖可以用花朵偽裝自己。牠利用絲線把花瓣黏在背上，再站在花叢中，就可以完美「隱身」了。如果花朵枯萎變色，牠還會立刻換上新的「花瓣衣」。

尺蠖在不同顏色的稈子上會變成不同的顏色。

灶_{ㄗㄠ、}馬_{ㄇㄚˇ}

灶馬明明是種昆蟲，為什麼有個「馬」字呢？
可以在哪裡看到灶馬？

別雅序（節選）

清・王家賁

大開通同轉假之門，泛濫浩博，

幾疑天下無字不可通用，

而實則蛛絲馬跡，

原原本本，具在古書。

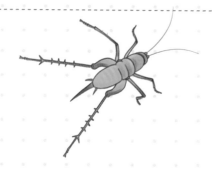

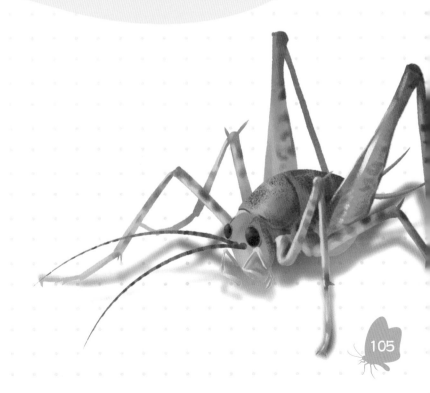

從掛下來的蜘蛛絲上可以找到蜘蛛，從灶馬留下的印記可以查明牠的去向。「蛛絲馬跡」用來比喻事物留下隱約可尋的痕跡和線索。其實，這個成語裡的昆蟲只有一種。雖然我們常把蜘蛛當成小蟲子，但牠其實是節肢動物門蛛形綱的「動物」，不屬於節肢動物門昆蟲綱的「昆蟲」。這裡的「馬」，也不是指奔馳的駿馬，而是指灶馬，牠是直翅目駝螽科的昆蟲，跟蟋蟀的親緣關係比較近。

灶馬明明是昆蟲，為什麼名字裡有個「馬」呢？這大概是因為牠是神話中灶神的坐騎。唐代的筆記小說集《酉陽雜俎ㄗㄨˇ》中寫道：「灶馬，狀如促織，稍大，腳長，好穴於灶側。」古人多用土灶，衛生條件也不是那麼好，而灶馬喜歡陰暗的角落，夜晚才出來活動、覓食，會到廚房的灶頭旁尋找食物殘渣。古人並不討厭這種吃剩菜剩飯的小蟲子，反而把牠當成家裡食物充足的象徵。所以，古時有句俗語：「灶有馬，足食之兆。」而「馬跡」，說的就是灶馬爬過煤灰後在灶頭上留下的痕跡。

你見過灶馬嗎？

現在人們的生活條件好了，廚房乾淨明亮，配置的都是現代化設施，很難在廚房的灶頭上見到灶馬。只有在農村少部分仍使用土灶的地方，還可以見到灶馬的身影。當然，野外也是有灶馬的。牠們是群居性和穴居性的昆蟲，夏季在草叢、石縫、土縫中棲息。不過要發現牠們可能沒那麼容易，因為牠們晚上才出來活動，也不像蟋蟀那樣鳴叫，更沒有翅膀可以摩擦發聲。灶馬總是安靜地來，安靜地走，不挑食，撿到什麼就吃什麼，對人無害，可以說是一種非常友善的小蟲子。

在使用土灶的農村，
還可以看到灶馬。

107

視力很差的昆蟲

灶馬的生活環境比較黑暗，導致牠們的視覺功能並不發達。有些種類的灶馬終日生活在無光的洞穴等環境中，視覺退化到甚至消失了，連身上的顏色也變淡。牠們長長的觸角和發達的後腿，因此幫了他們很大的忙：雌性和雄性在交配前，會用觸角交流；遇到危險時，灶馬也會借助後腿高高跳起。我們晚上被突然跳起來的灶馬嚇一跳，也是出於這個原因。不過，他們除此之外也沒有別的防禦手段了。灶馬是雜食性昆蟲，只要有機會，也會吃一些比自己小的蟲子，還會吃動物的屍體和哺乳動物的排泄物，甚至會吃自己和同類的肢體。

「駝背」的灶馬

灶馬是不完全變態的昆蟲，但牠們即使長為成蟲也沒有翅膀。灶馬所屬科目之所以叫「駝螽科」，是因為灶馬的背隆起來像個駝背老人，也像駱駝的駝峰。他們的身體為黃褐色，摻雜著黑色的斑紋，比蟋蟀略大。灶馬有著長長的觸角，長度可達體長的三倍；後足強有力，擅長跳躍。

長刺的灶馬

還有一種生活在沙漠中的灶馬，叫作「沙籃」，牠們的後腿上長了兩排刺，可以幫助牠們扒出洞穴裡的沙子。這品種的雄性灶馬會在晚上挖洞，還會有好幾隻雌性灶馬來參觀。

不是灶馬的「灶馬」

有的地方也把灶蟀稱為「灶馬」。灶蟀是蟋蟀科的有翅昆蟲，但有些後翅退化到消失，因此也無法飛行。灶蟀會鳴叫，叫聲像小雞發出的聲音，所以也被稱為「灶雞」。

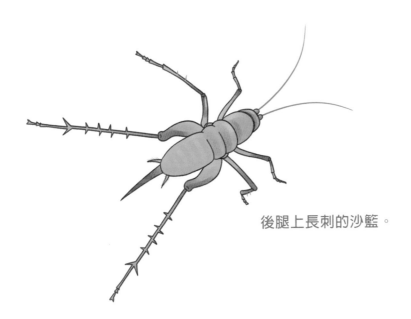

後腿上長刺的沙籃。

蝗ㄏㄨㄤˊ 蟲ㄔㄨㄥˊ

小小蝗蟲為什麼能造成龐大的災害？
鳥吃了蝗蟲會中毒嗎？

雪後書北台壁二首其二

宋・蘇軾

城頭初日始翻鴉，陌上晴泥已沒車。

凍合玉樓寒起粟，光搖銀海眩生花。

遺蝗入地應千尺，宿麥連雲有幾家。

老病自嗟詩力退，空吟冰柱憶劉叉。

這首詩是蘇軾由杭州通判改任密州知州時創作的，稱得上是寫雪的佳作。這裡選取的是第二首。詩人先寫了城頭的烏鴉上下翻飛，雪後城中過往的車輛艱難前行。昨夜雪之大，大到把樓「染」成了玉色，行人也被凍得起了雞皮疙瘩。原野上銀霜滿地，反射出來的光照得人都眼花了。大雪滅蝗蟲，麥子被大雪覆蓋，來年一定會長得茂盛，這是豐收的徵兆呀！本應賦詩歌頌，但蘇軾稱自己既老且病，詩力大不如前，只得吟誦唐代詩人劉叉的〈冰柱〉聊以自慰。不過，蘇軾還是自謙了，喜歡這首詩的人很多，王安石甚至還曾和詩六首以示喜愛。

說到古人用來比喻「禍害」「寄生蟲」的昆蟲意象，一定會提到蝗蟲。

牠們還容易跟螽斯弄混，被稱爲「螽（ㄓㄨㄥ）」。這類直翅目蝗科的昆蟲有著咀嚼式口器，以農作物爲食，在適宜的環境裡還會群居並集中遷徙。牠們所過之處，沒有什麼植物能倖存，這對古代農耕是巨大的打擊。因此，蝗災被視爲跟旱災並列的重大自然災害。而且，蝗災往往還伴隨著旱災一起暴發，導致受災地餓殍（ㄆㄧㄠˇ）遍野。

歷史上造成最大危害的蝗蟲應該是東亞飛蝗。身爲一種不完全變態的昆蟲，若蟲要經過五次蛻皮，期間翅膀越來越長，最後成爲翅膀完整的成蟲，獲得遷飛的能力。

蝗蟲的生活檔案

生命周期：漸變態昆蟲，雌性產卵於土內或土表。若蟲的形態和成蟲相似。主要在日間活動。

行為習性：能夠成群遷飛，對農作物造成非常嚴重的損害。

食物：植物的葉片等部分。

非常能吃的蝗蟲。

小小蝗蟲為什麼能造成龐大的危害？

這與蝗蟲自身的習性有很大關係。首先，蝗蟲的繁殖能力很強，雌性的東亞飛蝗每次產四至五個卵塊，每個卵塊裡有 50 至 70 顆卵，也就是一次最多能產 375 顆卵。而且東亞飛蝗的發生代數由北向南遞增，北京以北每年一代，黃淮流域每年兩代，長江中下游地區每年二至三代，華南地區每年三代，到了海南地區就是每年四代！而且蝗蟲特別能吃，也不挑食，所到之處幾乎寸草不生，棉花、大麥、小麥、玉米、馬鈴薯全部被蝗蟲吃個精光，連根稈子也不留下。跟據統計，一平方公里的蝗蟲群，能吃下 3.5 萬人的糧食！再者，蝗蟲的遷飛能力很強，東亞飛蝗的累計飛行距離最遠可達 65 公里，累計飛行時間超過七小時。牠們就這樣不知疲倦地吃完一個地方，再飛往下一處。

雌蝗蟲在土中產卵。

鳥吃了蝗蟲會中毒嗎？

蝗蟲有散居型和群居型兩種生態類型。散居型蝗蟲沒有危害，身體是綠色的，與周圍環境融爲一體，從而保護自己不被天敵發現；群居型蝗蟲的身體則是鮮艷的黃色或黑色，能揮發出苯乙腈ㄐㄧㄥ這種化學物質。鳥不喜歡這種味道，但餓了也會吃一些蝗蟲。群居型蝗蟲一旦被鳥類啄食後，牠揮發的苯乙腈就會轉變成劇毒的氰化氫，鳥吃了之後會嘔吐。群居型蝗蟲就是靠這種機制來抵禦天敵的。

這也說明了群居型蝗蟲的防禦手段更加高明，因而防治也更加困難。除了體色和防禦機制外，散居型和群居型蝗蟲在嗅覺、活動能力、免疫能力等方面都不一樣。這涉及了複雜的調控機制。近年來，科學家在這方面做了許多研究，致力於遏制蝗蟲從散居型轉變成群居型，大大減少蝗蟲成災的可能性。

螻_{ㄌㄡˊ}蛄_{ㄍㄨ}

螻蛄會挖土嗎？
螻蛄的叫聲也是有「口音」的嗎？

凜凜歲雲暮（節選）

兩漢・佚名

凜凜歲雲暮，

螻蛄夕鳴悲。

涼風率已厲，

遊子寒無衣。

這是《古詩十九首》中的一首。《古詩十九首》代表漢代五言詩發展的高峰。節選部分的意思是，寒冷的歲末，螻蛄徹夜鳴叫，聲聲悲淒。冷風凜冽刺骨，妻子惦記遠方的丈夫出門在外，還沒有過冬的寒衣呢！

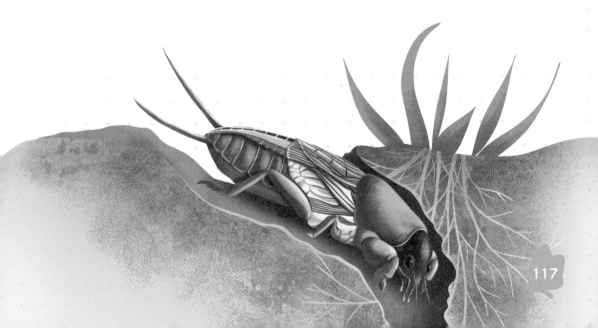

螻蛄是一種常見的農業害蟲。李時珍在《本草綱目》裡也詳細描述了這種昆蟲：「螻蛄穴土而居，有短翅四足，雄者善鳴而飛，雌者腹大羽小，不善飛翔。吸風食土，喜就燈光。」看來，明代的人們十分了解螻蛄的習性。

會挖土的蟲子

螻蛄最為奇特的是牠的前足，也叫「挖掘足」，顧名思義就是用來挖土的。牠的前足很大，末端呈齒狀，就和挖土機一樣。再加上尖尖的頭部和堅硬的前胸背板，讓螻蛄挖起土來絲毫不費勁。螻蛄是不折不扣的挖洞大師，連吃飯也能在地下完成。牠喜歡吃植物生長在地下的部分，比如剛播下的種子、嫩芽，或是地下根莖。就算牠不吃，在土裡鑽來鑽去，也容易造成植物的根系受損。所以螻蛄是一種農業害蟲。以前，農民和農業專家會想盡辦法根據牠的習性消滅牠。

螻蛄挖起土來絲毫不費勁，連吃飯也能在地下完成。

為什麼要利用燈光誘捕昆蟲？

如果去鄉下遊玩或在野外露營，夜幕降臨時坐在燈下，不一會兒就會發現好多小蟲子飛過來。不過這些昆蟲的目標不是你，而是燈光。許多昆蟲都有趨光性，如蛾、白蟻和螻蛄。人們利用這一點就可以做昆蟲的多樣性調查。

在野外撐起一塊大白布，再打開一盞燈，就能看到很多昆蟲接二連三地落到白布上。這時，調查人員就可以取樣抓捕或進行統計等工作。不是專業的研究人員，也可以用燈誘的方法來觀察夜間活動的昆蟲。要注意，不能隨意抓走昆蟲帶回家，因為有些昆蟲可能是保育類動物。除此之外，還可以利用燈光來消滅有害昆蟲，比如餐廳裡常見的紫色滅蚊燈。不過並非什麼燈都可以殺蟲，不同的昆蟲可能喜歡不同波段的光，而高壓汞燈、黑光燈都能發出紫外線，吸引大部分的昆蟲，因此應用比較廣泛。

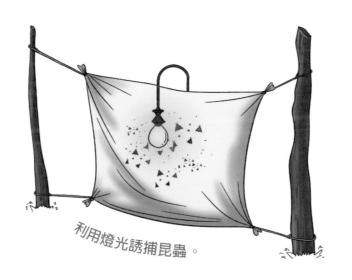

利用燈光誘捕昆蟲。

是拉拉蛄、地拉蛄還是土狗？

螻蛄是直翅目螻蛄科昆蟲的統稱，中國常見的有華北螻蛄和東方螻蛄等。螻蛄有很多趣味的俗名，像是拉拉蛄、地拉蛄、土狗等。螻蛄的長相比較奇特，頭部較小，略成圓錐狀，觸角爲絲狀；胸部有較大的橢圓形前胸背板，前翅很短，只有腹部一半的長度，而後翅較長；腹部末端還有兩根尾須。

螻蛄的叫聲有「口音」？

北宋詩人晁補之的詩句中，以「初夜深砌吟螻蛄」道出螻蛄的兩個習性：「初夜」表示牠是夜行性動物、「吟」表示螻蛄能鳴叫發聲，因此人們會利用這些習性來捕捉牠。螻蛄在晚上有很強的趨光性，人們就利用燈光誘捕。雄性螻蛄在夜晚鳴唱，和蟋蟀一樣唱的是求愛歌曲，所以也有人專門錄下雄性螻蛄的歌聲，在田間播放以誘捕雌性螻蛄。在這個過程中，科學家還意外發現在北京錄的雄性螻蛄鳴叫聲，放到河南卻完全發揮不了作用，只有河南當地雄性螻蛄的歌聲才能吸引當地的雌性螻蛄。這說明不同地理種群的螻蛄，還有不同的「方言」呢！

螻蛄的產房

雄性螻蛄鳴唱引來雌性後，會一起進入隧道交尾。雌性產卵前還會挖出專門的卵室，比一般隧道寬闊一些，有點兒像側倒的燒瓶。螻蛄是不完全變態的昆蟲，若蟲和成蟲相似 —— 頭部、胸部較小，而腹部較大。當冬季來臨時，螻蛄會繼續往土壤深處活動。一般會在地下四十至六十公分處，不吃不動進行休眠。等到來年春天氣溫上升，牠們才會再回到淺土層活動。

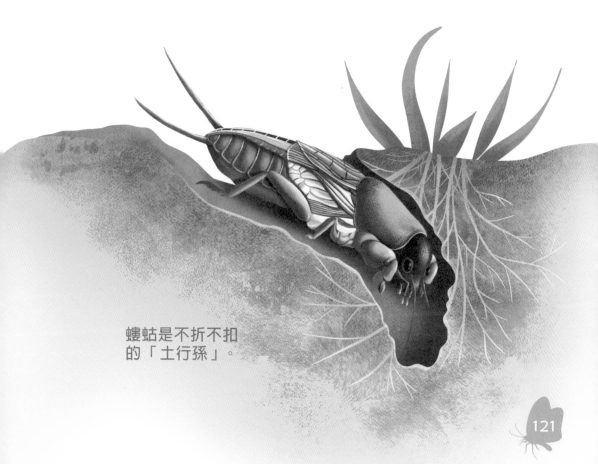

螻蛄是不折不扣的「土行孫」。

10

螞蟻搬家就會下雨嗎？③
古詩詞裡的自然常識【昆蟲篇】

作　　者｜陳婷、施奇靜
專業審訂｜宋怡慧、李曼韻
責任編輯｜鍾宜君
封面設計｜謝佳穎
內文設計｜陳姿仔
特約編輯｜蔡緯蓉

出　　版｜晴好出版事業有限公司
總 編 輯｜黃文慧
副總編輯｜鍾宜君
行銷企畫｜胡雯琳、吳孟蓉
地　　址｜104027 台北市中山區中山北路三段 36 巷 10 號 4 樓
網　　址｜https://www.facebook.com/QinghaoBook
電子信箱｜Qinghaobook@gmail.com
電　　話｜（02）2516-6892　傳　　真｜（02）2516-6891

發　　行｜遠足文化事業股份有限公司 (讀書共和國出版集團)
地　　址｜231 新北市新店區民權路 108-2 號 9F
電　　話｜（02）2218-1417　傳真｜（02）22218-1142
電子信箱｜service@bookrep.com.tw
郵政帳號｜19504465 （ 戶名：遠足文化事業股份有限公司 ）
客服電話｜0800-221-029　　團體訂購｜02-22181717 分機 1124
網　　址｜www.bookrep.com.tw
法律顧問｜華洋法律事務所／蘇文生律師
印　　製｜凱林印刷
初版一刷｜2024 年 1 月
定　　價｜350 元
ISBN｜978-626-7396-11-7
EISBN｜9786267396285（PDF）
EISBN｜9786267396308（EPUB）

ALL RIGHTS RESERVED
Copyright © 2022 by 陳婷、施奇靜 Illustration Copyright© 2022 by 春田、譚希光
Original edition © 2022 by Jiangsu Phoenix Literature and Art Publishing, Ltd.
國家圖書館出版品預行編目 (CIP) 資料
螞蟻搬家就會下雨嗎 ?/陳婷、施奇靜著 .– 初版 .– 臺北市：晴好出版事業有限公司出版；
新北市：遠足文化事業股份有限公司發行 ,2024.01 128 面；17×23 公分 .– (古詩詞裡的自然常識；3)
ISBN 978-626-7396-11-7（平裝）1.CST: 科學 2.CST: 昆蟲 3.CST: 通俗作品 308.9　　112018789